给孩子讲述
大海

〔加〕于贝尔·睿夫　著
〔法〕伊夫·朗斯洛

张琦 译

La mer expliquée
à nos petits-enfants
Hubert Reeves
Yves Lancelot

人民文学出版社
PEOPLE'S LITERATURE PUBLISHING HOUSE

著作权合同登记号 图字 01－2023－3786

Hubert REEVES et Yves LANCELOT
La mer expliquée à nos petits-enfants
ⓒ Éditions du Seuil，2015

图书在版编目(CIP)数据

给孩子讲述大海 ／（加）于贝尔·睿夫，（法）伊夫·朗斯洛著 ；张琦译. -- 北京 ：人民文学出版社，2024. -- ISBN 978-7-02-019023-2

Ⅰ．P7-49
中国国家版本馆 CIP 数据核字第 2024WK0634 号

责任编辑　李　娜　张玉贞
装帧设计　李苗苗

出版发行　人民文学出版社
社　　址　北京市朝内大街 166 号
邮　　编　100705

印　　刷　杭州钱江彩色印务有限公司
经　　销　全国新华书店等

字　　数　47 千字
开　　本　889 毫米＊1194 毫米　1/32
印　　张　3.75
版　　次　2024 年 9 月北京第 1 版
印　　次　2024 年 9 月第 1 次印刷

书　　号　978-7-02-019023-2
定　　价　35.00 元

如有印装质量问题，请与本社图书销售中心调换。电话：010－65233595

目 录

前言　全方位丈量大海

　　我们俩给大家讲大海似乎显得有些人手不够！孩子们自己可能都没想到，在和我们一起看大海的时候，他们提出的问题能带我们超越时空。和大多数人一样，孩子们也因为海洋使他们身心愉悦、浮想联翩而喜欢大海。大海给我们做梦的力量，这已经不简单了。可深深吸引着我们的大海，对人类而言又是那样陌生。我们都喜欢大海的存在，说到底，我们对它知之甚少……

　　随着近五十年来的重要科学发现，海洋成为了探索地球未来的核心话题之一。随着对大海的了解和认识越来越深入，不论是其起源、成形、物理性质和演变，还是它在气候变化中扮演的重要角色，都不得不让我们对它刮目相看：海洋不再仅仅是地球表面的组成部分，更是全球生态系统得以平衡的核心要素之一。

海洋对我们其实是至关重要的！

为了更好地"丈量"大海，我们需要集思广益，重塑对大海的认知。天体物理学家（于贝尔·睿夫）将负责讲述大海在宇宙中的地位，让大家读懂大海传递出的有关太阳系的信息。而海洋学家（伊夫·朗斯洛）会让我们从地球的角度观察大海，带大家去深海极限处遨游。如此一来，我们俩就共同回答了孩子们提出的问题。

年轻一代将从我们手中接过这个地球家园。他们在小小年纪就已经知道了地球的脆弱，知道需要好好照顾这个赖以生存的家园。因此我们想更深入地帮助他们理解生命的奥秘，激发他们的好奇心，以便将来他们能探寻和保护一切美妙的力量。我们这些爷爷辈的科学家，原封不动把大海讲述给他们听，多希望大海能在孩子们的眼里闪耀出更绚丽的光……

于贝尔·睿夫、伊夫·朗斯洛

　　既然我们要一起聊聊大海，那就走吧，去海边看看！我喜欢来这儿，坐在岩石上，看着海面，什么都不想……

　　你说得对，讨论大海，还得先从仔细观察它开始。不过我知道你才不会像你说得那样，真的"什么都不想"。

　　是真的，我向你保证。大海的壮观使我脑中一片空白。我觉得它宽广而美丽。我喜欢它在阳光下波光粼粼的表面，喜欢退潮时海滩上闪闪发亮的湿漉漉的沙子。你呢？大海让你想到了什么？

想到自由、天空、星辰，想出发去旅行。"自由的人，你将永把大海爱恋。"我很喜欢波德莱尔的这句诗。

确实我也是，我觉得更加自由，我忘记了烦恼，做个深呼吸，我逃离了……

完全意义的逃离是不可能的！

怎么不可能：只需要登上一艘船。你都已经做过几百遍了。

是呀，可是不论我们走多远多久，我们总要回来，因为大海不适合人类生存。话说回来，也许正因为是这样，我们才如此迷恋大海。即便我们可以在船上过上好几个月，但归根结底，我们不能一直漂流在海上，它不是我们的自然居所。现在，我们坐在岩石上，你看我们眼前的这片水域，"宽广"，你刚才说的吧？你知道它覆盖了我们地球表面的四分之三吗？可是这么大的面积，并没有我们这些陆生动物的位置。你想过没有？

我还真从来没想到！真是另外一个世界呀……

是啊，这是一个比我们更强大的世界。海洋与我们存在于同一个星球上，但同时又离我们太过遥远。如果你看着星空去想象无尽的宇宙，也会有同样的感觉，你会发现我们的生活空间简直不算什么。相比宇宙天体，大海离我们更近，它就在我们身边，是地球历史的一部分，你可以触碰到它，也可以投入它的怀抱……

最重要的是，它令人神往。比如说，我小时候总是在想，大海的边究竟在哪里。海平面延伸到很远很远，但地平线似乎也不是海的边。海的尽头并不是一个巨大游泳池的尽头，因为一定会有什么东西在海的后面。当我看到有些船一点点地消失在海平面上，我知道它们既没有沉没也没有倾覆。它们去了别的地方，很远的地方，即便我也坐上船，可能也追不上它们。我总是很好奇：哪里才是大海的尽头呢？这个问题是不是有点儿傻？

一点儿也不傻。相反，这是个好问题，我小时候也问过。后来，即便我花了那么长时间研究海洋，但仍然对这个问题充满了兴趣，就像你现在问的一样：我们视野尽头之外有什么？如果你观察一个地球仪，那肯定就会有答案了，然而即便你有了答案，这种神秘感依然不会消失。在宇宙学中，我们所称的视野尽头，并不是你现在看见的海天交汇线。不过，同样的问题也还会被提出。我们对银河系的观察也有一定的限度，到达某个极限的时候，科学家也会问：我们所能观察到的那后边还有什么？是否还有别的宇宙？是呀，浩瀚无边的东西，叫人捉摸不透。我们并不是在思考没意义的问题，相反，我们思维敏捷，涉及许多本质的问题。面对大海，我们脑子里出现的不是一个问题，十个问题都不嫌多，现在就试试说出你的问题！

海水是哪里来的？和最早的海水是一样的吗？海水在大陆出现之前就已存在，还是后来才把大陆覆盖住的呢？大海只有一个还是有好几个？

真棒！你看你很快就提出了几个触及本质的问题！

海洋来自太空

谢谢夸奖，但是，现在你得回答这些问题了！

那我们从最简单的开始吧：如果我们对"大海"的定义就是这片延伸向远方的咸水水域，那么大海就只有一个。当我们说"我们在海边"的时候，不论我们是在布列塔尼的大西洋海边，还是在英吉利海峡边，或是在地中海沿岸，都是没错的。但是在地理学中，我们称这个横跨全世界的海为"洋"，并且把它分为了好几个部分（太平洋、大西洋、印度洋，再加上两极的北冰洋和南冰洋）。当我们说到这些大洋某些靠近大陆的小区域时，我们就会用"海"来称呼它们。随着岁月变迁，沿海的居民早已给这些海取好了名字。这样的海大约有十五个之多。我们之后会讲到北海、挪威海、地中海、黄海、红海、里海、死海……

我再重复一下我的问题：海水是怎么来到地球上的？

有好几种不同的解释。首先，我得告诉你，在地球形成之前，水就已经在宇宙之中存在了，今天，我们仍然可以观察到银河里的星云中含有大量的水蒸气，银河系邻近的某些正在成形的星球中也有，水量甚至可以达到地球海水总量的几百万倍！

所以，海水来自星球？

来自太空。最为经典的假说（也许今天看来有些过时了）认为，在地球历史的早期，地球在内部物质融合的过程中释放出了水。岩浆蒸发形成次生大气，冷却凝结后，形成了倾盆大雨，水就这样落到了地球表面的低洼处，聚集起来。但是还有一种更新的理论认为，水是彗星撞击地球时产生的。

那彗星是不是像水气球一样，装满了水，然后在地球上爆裂？

是呀，差不多可以这么说。45.7亿年前，当地球和太阳形成的时候，银河系已经存在上百亿年了，银河系中的物质已经富含水分。太阳被许多星球环绕，其中就有尚未成型的地球。更远处，有一团巨大的彗星云，它的主要成分就是冰。所有围绕着太阳转的天体在地球成形的最初几百万年间都与地球发生过碰撞。那些彗星有可能带来了大量的水，覆盖在了地球表面。

很久以前，我们在天空中看到彗星出现时，总认为预示着灾难来临。现在我们知道了，其实它们曾带来最珍贵的礼物：水。这是生命出现的基础，也是我们人类存活的必要条件。我们应该感谢彗星！

我在海洋里游泳时，浸泡着我的海水也是来自彗星的水吗？

是的，现在的海水和最早的海水是一样的，只不过所处区域改变了。我们今天熟知的海洋比地球年轻很多，只有约两亿年历史，但是海洋里装着的水年纪可大了。更不可思议的是，海水的总量是稳定的，在上百万年的时间里，不管地壳发生了多大变化，海水量并没有改变。当然，在太阳光的照射下，水会蒸发，然后又变成雨落下，使我们有了淡水和可饮用的水源，但参与这部分循环的水相比海水总量来说微不足道。

水，就是生命？

你刚才说，水是生命之源，也就是说，只有地球上才能有生命……那其他星球上难道没有水吗？

问得好！在太阳系的其他星球上，可能有水，或者可能曾经有过水，即便只是一点儿。例如，在火星上，我们观察到一些水流的印记，和地球上的河流很像。土星的卫星泰坦星、木星的卫星欧罗巴（木卫二）和加尼米（木卫三），它们的表面覆盖着冰，冰下有水层，极有可能是咸水，但到目前为止，我们并没有找到任何有机分子的存在。如果能找到，那么我们就该赋予"生命"这个概念更宽广的含义。在你的问题中，最难下定义的词是"生命"，而并不是"水"

（我们都很清楚水分子是两个氢原子和一个氧原子组成的）。水是生命之源，这是我们根据对地球的了解而做出的一个假设，这个假设极有可能是真的，然而在科学中，我们还不能认为它是绝对肯定的。生命之源依旧是科学领域最重要和最深奥的问题。比如说，科学家们研究过一些极端生物，它们能在极端环境中生存繁衍：没有水，没有光，甚至没有氧气。我们知道有一些细菌能在海底一千来米厚的沉积物之下生存，那里温度特别高（约350摄氏度），我们还知道有一种病毒叫"烟草花叶病毒"，在溶液中异常活跃，然而去除水分形成结晶时就毫无活性。那么，生命与死亡的分界线又在哪里呢？我们主观地界定了生与死，但也许在大自然中，生命是持续不断的，其中有些阶段还并没有被了解，有待我们去发现。

但至少我们知道，水是在地球上出现生命之前就已经存在了。如果没搞错的话，我们可以推断，水的存在发挥了某种作用。

问题是，地球上最早出现的生物并没有留下痕迹。我们所知的最早生命遗迹，是一些距今约35亿年的化石，那时候水在地球上大约已存在了10亿年。化石上的这些古老生物由细菌群组成，我们可以想象，在它们之前，就已经有了别的生命体，这种细菌群结构不是突然出现的。或者也许存在某些生命遗迹，但以我们如今的认识和判断标准，还无法认定它们曾是活的生命体。你看，关于生命之谜，还有好多问题有待我们解答！

还有，我觉得特别神奇的是生物的多样性，那简直不可思议。今天如此多种多样的生物是怎样出现的呢？

你想啊，如果水是生命之源，那么，大海就成为了生命的水库。今天，海洋里仍然有各种各样的动物和植物，从最简单的细菌——原始的单细胞无核生物，到最复杂的鲸——进化的哺乳动物。最早的生命诞生于海洋，而植物很早就开始往陆地迁移——大约在5亿年前。大约在3.6亿年前，动物才离开海洋。它们逐渐适应陆地的生存环境，物种在这个适应过程中发生了惊人的演变。然而，所有这些在陆地上的生物依然离不开水。可以说，当它们上岸时，身体里就已经携带着水。我们人类的身体里含有65%的水。陆地上的植物的含水量在75%到95%之间。我们还保留着某些始于海洋的痕迹，比如说，我们出生之前，在母亲肚子里的九个月都生活在水的环境中，直到出生那天才开始呼吸。我们几乎就是海洋的附属生物！

那我们是不是和海洋里的生物还有某些关联呢？

是的，甚至可以说，我们离不开海洋生物。因为它们不仅为我们提供了丰富的物产资源，而且直接参与了维持生态系统的正常运作。尤其是浮游生物，它们使空气中的二氧化碳和氧气保持平衡，因此地球上的气候才能适宜生命存活。从细菌到鱼类，再到鲸，大海里的生物以及生态系统是多样而复杂的，这一整个生命集合给了我们保护，我们也应该同样保护它们。之后我们还会再说起这一点。

是的，我赞成！现在，我想再问一下其他星球：太阳系之外是否有水的存在呢？是否有生命呢？

这并非毫无可能，也许有一天我们就能在其他星球上找到。我们已经认识太阳系以外将近一千多颗星球了，很有可能我们能在其中某些星球上找到液态水。假使我们在这样的星球上再发现了氧气，那么就有理由推测那里有生命的存在，因为我们知道氧气分子是生命产生的，目前只在地球上有氧气。如果我们在别的星球上找到了氧，那么整个生物学都将为之震动！

外太空探险实在是太令人神往的职业了！那在找到别的有生命星球之前，我们是否可以说，地球是太阳系唯一一个有如此多的水的星球？

是的，这一点我们已经达成了共识。我还可以告诉你，什么条件使得地球成为了水的理想家园：地球与太阳之间的距离刚好合适，使得地表温度在水维持液态所需的温度范围之内。还有一点，大气中的某些气体保障了某种"温室效应"，使地表更加暖和。如果没有这样的"温室效应"，地表平均气温将不是15摄氏度而是零下18摄氏度，地球上的水也就都结成冰了。

不过，也要相对地来看地球上的水量。海洋覆盖了 71% 的地表面积，其平均深度在 3.5 到 3.8 千米之间，一些最深的海沟大约能达 11 千米。但地球的半径有 6370 千米，相比之下，海水的深度简直微不足道了。所以，如果你观察整个地球，看它的整个球体而并非它的表层，海水的总量其实只是地球总体积的千分之一都不到……这片对我们而言如此巨大而重要的蓝色海洋，它并不是真的无边无际、无所不能，它依然是脆弱的。

蓝蓝的、咸咸的

你刚才说巨大的蓝色，确实，当我想到海洋的时候，我就想到它是蓝色的，我猜所有的小朋友都和我一样，画大海的时候会把它涂成蓝色。看呀，今天天气很好，海那么蓝，和天空一样，但有时候，在我们布列塔尼这儿，也会有许多乌云，海就会是棕灰色的了。海的蓝是不是因为天空的蓝导致的？

不是的。海的蓝并不是因为天空。如果你用玻璃杯装一杯海水，不管是在阳光灿烂的一天去太平洋里装的，还是在阴雨连绵的一天去英吉利海峡装的，你杯子里的海水都是透明的。就算你把这杯海水放在蓝天下，它依然还是没有任何颜色。然而，如果你把我的游泳池装满海水，而且游泳池四壁和底部的瓷砖都是白色的，你还是会看到水变成了蓝色。同样地，在岩洞中的湖水也是蓝色的，而那里根本就看不到天空。也就是说，只要我们看到的水达到了一定的量，那么不管是淡水还是咸水，它看上去都是蓝色的。加拿大魁北克的圣劳伦斯河是一条非常宽的河流，它也像海一样蓝。为什么呢？这是光和水的相互作用而导致的。你肯定知道，太阳光有彩虹的颜色，红、黄、蓝，等等。水分子会吸收红光和黄光，而反射出蓝光。即便如此，事实上，如果阳光不那么强烈，大海的颜色也会变得暗淡，变成灰色或棕色。而如果海水中有一些海藻，海藻里有很多叶绿素，也会吸收掉阳光中的蓝色光，那么海水就会呈现出各种不同的绿色，就像太平洋上的潟湖或者巴哈马群岛，海水的颜色如绿松石一般。相反，如果海里没有浮游生物，比如说太平洋中部的某些海域，海水是纯净的深蓝色，这种蓝在地中海是看不到的。

那为什么海水是咸的？这也是彗星撞击地球导致吗？

不不不，说到这一点，和星星、彗星、月亮一点儿关系都没有！盐来自陆地，通过河流运输到大海。河水冲刷着裸露的岩石，一点点带走岩石的分子，尤其是氯化钠，也就是食盐，还有氯化钾，河水带着它们一直流到入海口，然后盐就聚集到了大海里。

但这些盐应该会再回到陆地吧？

是的，会有一部分，但这部分被回收的盐相比海里的总含盐量来说，还是微不足道的。因此大海保持着持续不变的盐度。我可以肯定地说，一百万年前的大海，盐度和今天的差不多。

不对啊。如果像你说的，那为什么地中海要比大西洋的盐度高很多呢？

啊，我说的是全世界所有海洋的总盐度。但你说得也对，不同地域的海洋的盐度是不均衡的。而导致盐度不同的原因是水的蒸发速率不同，也就是说阳光的强度不同。比如说，死海，它是一个封闭的海，面积不大，而气候炎热，它的盐度就非常高，因此在死海，我们很容易就能漂浮在海面上。另外还有一些盐田沼泽的盐度也很高。人类很早就知道开采食盐，在埃及人、罗马人眼中，盐有着非常重要的作用：他们需要用盐来延长食物的保质期。那时候，盐可以算得上是奢侈品，并且盐的买卖也非常有利可图……不过，盐的利润也没有超过石油这个后起之秀，说起来，石油也是咸的，因为通常石油都会在海域中形成。好，我们继续说大海，你还看见了大海的什么特点？

潮汐，太阳和月亮

我看见海水在动，水波比河水的要大……我的目光随着这水波荡漾，奇怪的是，它既是有规律的，比如海浪、潮起潮落；又是无规律的，因为每一天，有时候每一个小时，它都会变换模样，它时而平静，时而喧闹，时而海浪翻腾。我感觉无法预测大海下一秒会是什么样子……

哈，你指出了一个关键的问题：大海不是静止的，而且它的变幻莫测甚至远远超出你的想象。河水也会动，但我们很容易理解河水是怎么流动的：通常，河流的源头是地里冒出的泉水，并且也会有高山上的冰雪融化后加入，再加上一些雨水，这些水汇集在一起流淌，从地势高的地方流向低处，流经之处形成了河道，最终流进大海。虽然有些河流也会出现无规则的变化，但总的来说，一条河里的水总是顺着同一个方向流动，从上游流到下游。然而，我们再看大海，即便大海本身是不会自己流动的，但有多种原因会导致海水的运动。在航海的时候，你也许会发现，有时候我们会经过非常平静的海域，没有海浪，也没有海风……可即便在这样风平浪静的海面上，你也总是能找到一些水波、小浪花，来自外海的一丝丝涌动。大海并不会自主产生动力，然而它灵敏地感受着外界因素的刺激。有时候这些外界因素还有可能来自很遥远的地方，比如我刚才说的"来自外海的涌动"，有可能是在我们视野之外的几十万米处的一阵风引起的。回到你刚才说的，你说得对，有些大海的运动是有规律的：潮汐、海风、海浪，这些现象都普遍有一定节奏；而大海的其他某些运动情况，确实又是很偶然的，叫人难以捉摸……

那你从潮汐开始讲讲。在我看来，这是大海最有规律的运动现象了。我家的日历上，还有潮汐的具体时间和涨落幅度，就好像列车时刻表一样呢！我听说潮汐是月亮引起的。你可以告诉我为什么吗？

确实是月亮，但也不只是月亮。潮汐是行星引力现象的见证。地球上的潮汐现象是在月球和太阳的引力作用下形成的。我一说你就能明白。咱们先来看月亮，你一定知道，月球是地球的卫星，它每27天就环绕地球一圈，而地球也在自转，每24小时就自转一圈。你也一定学过，引力可以作用于任何材质的物体，是放之四海而皆准的一种吸引力。所以，由于引力的存在，地球面向月球的这一侧会受月球吸引，这时候我们就可以明显观察到，海水在月球引力的作用下升高了好几米；不过，对于陆地上的泥土，肉眼无法察觉到任何迹象，但我们也能通过非常精密的仪器来探测到月亮经过时地表的细微变化。总之，潮汐就是这么形成的。

为什么每天会有两次涨潮，而月亮其实每天只经过一次？比如说在咱们布列塔尼海边，每天月亮只会经过我们的头顶一次。

非常好的问题，科学家们也花了很长时间才找到答案。这个答案是牛顿找到的，引力的存在也就是他发现的，并且他还提出了万有引力定律。因此，你就知道，两个物体之间的距离越远，它们相互作用的引力就越弱。月球对直接面向它这一侧的地表有更强的吸引力，这解释了每天的第一次涨潮现象。那为什么还会有第二次涨潮？还是因为月球对靠近它的这一侧地表的引力大于对地球中心的引力，进而又大于它对背离月球一侧地表的引力，这就使地球的近月面和背月面同时都被拉伸。也就是说，地球的表面稍微发生了形态变化，两侧对称地各长出一小块，夸张点儿说，就有点儿像橄榄球的形状。因此，随着地球每天的自转，我们每天能看到大海两次涨潮，而且涨潮的幅度也差不多。

引力应该是相互作用的，那么地球对月球的引力是否也让月球上有类似于潮汐的现象发生呢？

问得好！的确是这样的：就像地球在月球的引力作用下发生形变一样，月球也同样受地球的引力作用而微微拉伸。另外，地球引力还使月球围绕它旋转的速度慢了下来，并且也渐渐离地球越来越远，地球的自转速度也同样慢了下来：在恐龙时代，地球每17小时就自转一圈，而今天已经减速到了24小时。地球自转一圈的时间仍然在慢慢延长，同时在地球上观察到的月球表面也在逐渐缩小，宇宙是在不断运动着的！

你刚才还说，太阳也是引起潮汐的一个因素。这该怎么解释呢？

还是同样的道理，太阳对地球也有引力。即便太阳比月球大许多，但是和地球的距离太远了，因此太阳对潮汐的影响反而相比月球要小。不过，太阳的引力作用解释了潮汐的幅度大小变化。你一定知道，在我们所处的纬度位置，我们说的"大潮"发生在三月和九月，也就是春分和秋分，是每年昼夜时间相等的日子。并且这时候，太阳和月球在同一条线上，因此引力叠加，变得更强，所以地球上的潮汐就更大。相反，在夏至或冬至，地球与太阳、月亮形成的夹角近乎90度，引力的方向就不一致了，因此潮汐就更小些。

潮汐现象在整个太阳系都普遍存在。我们知道，大约每10万年就是一个冰期的周期①，这也是由地

---

① 在冰河时期内，冰期和间冰期交替出现，时间跨度为10万年级别，冰期气温较低冰川扩张，间冰期气温较高冰川退缩，但冰川一直存在。

球、月球、太阳，甚至还有木星、土星所有这些天体之间的引力产生潮汐现象而导致的。整个宇宙都有潮汐现象！要记住：地球是一个球体并且它在旋转，这两个因素是地球上所有物理现象的决定性因素。

那为什么有的海，比如像地中海，就没有潮起潮落？

因为潮汐是需要共振现象来扩大的。咱们打个比方：如果你有一个小妹妹，她正睡在摇篮里，你要推动摇篮，首先需要用力推第一下，摇篮轻轻晃动起来；然后，你只需要继续用同样的节奏轻推摇篮，摇篮就会逐渐晃动得越来越大。潮汐也是这样的。其实潮水的推动力非常小，但在一个宽广的空间积累起来，就能产生明显的效果。事实上在地中海也是有潮汐的，但是由于地中海面积和水量都相对比较小，所以潮汐产生的效果也不如其他海洋的明显。相比之下，地中海就像一个小小的湖！

30 米高的海浪

海浪也是受月球引力影响而产生的吗？

不是的，即便看上去潮水是随着海浪而涨起来
的，但海浪和月球一点儿关系也没有，有海浪是因为
有风。

*所以说海浪才如此变幻莫测？在我们布列塔尼这
儿，我看到过非常惊人的海浪。那最高的海浪能有多
高呀？*

这个问题还真是没有准确的答案，因为我们很
少有确切的观测，而航海的水手又常常夸大其词。也

必须承认，在一艘深陷海浪风暴的船上，很难看得清海浪究竟有多高。照理说，风力和海浪高度应该有直接的可测算关系，然而现实情况并非如此。我自己也出海多年，看到过的海浪最高不超过 8 到 10 米，但这已经是非常吓人的高度了。即便风暴很大，风速达到 60 节以上（超过 120 km/h），海浪也不会一直高上去了，就好像有一个最大限度。通过一些海难事故影像，知道曾经出现过突然一下子涌起到三十多米高的海浪，我们称之为恶浪，这个现象有过好多种不同的说法来解释，但到目前为止，没有一种说法具有足够的说服力。

你说的是海啸吗？

不，完全不是。海啸也是凶险的大浪，但那是突发的自然灾害，和风完全没有关系。海啸的形成原因来自海底：海洋之下的地震。有时候震源离海岸甚至很远，但仍然使岸边的海水惊涛汹涌，危害力巨大，比如近年来印度尼西亚和日本遭受的海啸就是如此。海底的地表只发生了几米深的移动，但发生移动的地块有好几千米长。这样的小地震导致很大一部分海水动荡起来，海浪向四面八方传送，并且毫无减弱的态势。表面上看，这海浪的水波高度大约最多在几十厘米左右，但长度就是好几千米，因此波动的水量是非常可观的。而当这股海浪靠近海岸时，它还保持着原有的能量（即最初发生地震的位置所释放出来的能量），并且由于岸边的海洋深度逐渐变浅，海浪在行进过程中与大陆架的撞击又使得波浪增强，直至抵达海岸，浪头就达到了十多米高。因此海啸的破坏力很大。你也许难以想象，我们在岸上看到的海啸，如同一堵巨大的水墙压上海岸；然而在大海中航行的海员，看到的却不是波涛汹涌，海啸在源头处几乎是不能被察觉的。所以在海啸诞生之处的海面，我们根本什么都感觉不到！

洋流：心脏、动脉、肺

一想到大海在不停地动，我都感觉有点儿晕船了。但即便我们不看着海，它还是会一直动，因为有风，有月亮、太阳的引力，甚至还有地球本身也让它不平静……

是啊，我早就跟你说过，海是不稳定的。但你经过这么一番了解之后就知道，要真正认识海洋的运动，光靠你的眼睛看到的东西是不够的。比如说洋流，你在这儿看不见，但它引发的现象要比潮汐厉害得多，并且决定着我们人类的生存条件，因为洋流会直接影响气候的变化。

我不太清楚，但是我猜洋流应该主要由风引起吧，对吗？

可以算对……在大海表面的确如此。为了更好地解释清楚，我先跟你打个比方吧：想象洋流的运动就好比我们人体内的血液循环流动一样。你的血是从心脏流到身体的各个器官的。血液运送着能量，以及溶解在其中的元素和粒子。之后血经过肺，在那里补充上氧气，再回到你的心脏。这个过程一直不停地循环。对我们面前的大海而言，主要的动脉位于深海，海底的水被分成不同的水流，然后流到海的静脉和肺部，也就是海洋的表层，最后汇聚到心脏：挪威海。这整个过程就好像是一个巨大传送带的循环。

整个循环需要多长时间呢？

大约在 1500 年到 2000 年之间。

这么久！那我身体里的血液可没法比了，我的心脏每跳一下，血液就循环了一次。

的确，在这方面就没法把洋流和血液放一起比了。我们应该置身于地质时间的视角。从地质时间的跨度上来说，2000年其实只是一段很短的时间，短到刚足够我们观察到海洋对全球气候的影响；但2000年也是一段挺长的时间，长到足以解释为什么气候变化如此漫长。所以说，洋流的循环周期既可以说短暂也可以说漫长。

好吧……我大概有些明白了，对人的一生来说这是很漫长的，而对地球来说这是很短暂的。那风发挥了什么作用吗？

如果说我们还像刚才说的那样，把大海比作人类的身体，那么风就有点儿像是静脉。有规律的风让大海表层的水流动起来，水流的厚度可以达到几十米甚至几百米，流动距离可以达到好几百千米。

既然是"有规律的风"，也就是说我们知道它们是从哪里吹来的？

嗯，我们要再回到太阳，是太阳向我们输送能量，使地球有了一定的温度。温度也是对海洋来说十分关键的一个因素。你知道，地球是一个球体，越靠近赤道，也就是纬度低的地方，你就越热，越靠近两极，也就是纬度高的地方，你就越冷。因为太阳光几乎是直射赤道，而两极的阳光是斜射的。赤道区域的热空气更轻，在大气中上升，同时温度也渐渐降下来，然后又重新下沉到了北半球的中纬度地区。这导致了很大区域的高气压，也就是我们所称的"反气旋"。

就像我们平时在电视上的天气预报中听到的"亚速尔群岛反气旋",对吧?

是的,是同样一回事。

旋　风

那，这反气旋未必是风，也和洋流没啥关系吧？

可有关系了，一切都是相关联的。反气旋总是伴随着一阵巨大的旋风，这阵旋风会导致海水的运动，旋风的方向在北半球是顺时针的，而在南半球是逆时针的。旋风以及海水的旋转运动是所谓的"科里奥利效应"引起的，你肯定已经听说过这个效应了吧。

呃……再给我讲讲，帮我复习一下吧！

科里奥利是 19 世纪的一位法国工程师。他发现了一种特殊的现象，适用于地表所有大体量的水或空气的运动。你知道：地球是一个自西向东自转的球体。这个基本事实有一个显而易见的现象。如果一个球体绕着一个轴旋转，这么在极点的旋转速度几乎为零，而球面中部与轴相距最远的这个圈转速是最快的。因此，水或者空气从赤道向两极运动时，出发时的旋转速度是很高的，而路途上转速逐渐降下来，因此这些水或空气的运动方向会发生偏离，在北半球会向右偏离，在南半球会向左偏离。这种偏离在赤道不会出现，逐渐到中纬度地球开始明显偏离（亚速尔群岛反气旋就是在中纬度地区），并且在两极达到最大。

那么我们继续来说说亚速尔群岛反气旋。它同时还伴随着一系列重要的洋流，其中最为显著的就是墨西哥湾暖流。这股洋流最初在墨西哥湾时，温度相对较高。随着它向北流动，途经巴哈马群岛与佛罗里达州之间，并沿着美国的海岸线继续向北，逐渐冷却下来。然后又穿过了大西洋，它偏离并分成两支，一支流向了欧洲，另一支流到北极更冷的地方。你看，这真是个艰辛的旅程!

我猜这股洋流也会改变它途经地区的温度, 是这样吗?

完全正确。在大西洋的中纬度沿岸, 欧洲这一侧 (也就是我们现在所处的位置) 通常会比美洲那一侧要凉一些, 因为美洲沿岸更受墨西哥湾暖流的影响。当然, 还有许多其他因素在同时作用于这两岸的气候温度, 比如自东向西吹的信风, 或者喷射气流, 一条高海拔的强力气流带自西向东吹, 帮助地表散热。但我们还是先不深挖这些, 认识洋流的基本运动就好。

如果我理解对了的话, 空气、大气中的高压或低压气旋、风、洋流, 所有这些都是朝同一个方向转的⋯⋯

你的理解完全正确！洋流通常紧跟大气运动的步伐。大体上说来，风和洋流扮演着同样的角色：把热带的热能传递到两极。但它们的主要差别在于，水比空气能传递更多的热能（同样体积的水胜过空气4000倍左右），并且水的质量大，惯性也大，因此洋流比风要有规律得多。洋流的运动一旦开始，就很难停下。风主要有维持洋流运动的功能。

如果风停下或者减弱，应该还是会让水流的运动也变得迟缓的吧？

洋流的整体布局并不会被扰乱，但这确实会导致洋流循环发生一些短暂变化。

这样会很严重吗？

有时候会，因为气候会受到不小的影响，但持续时间不会很长。比如说，厄尔尼诺现象就是如此。

我听说过这个现象，但是我不明白它到底是什么。

我们很久以前就观察到，在秘鲁附近，洋流持续几年发生了很大改变。在正常情况下，秘鲁的海边，绝大部分洋流从高纬度流向低纬度，水温较低。这些海水最终流向赤道，并且温度也渐渐升高。之后又受信风的影响向西流动，由于这股洋流逐渐远离海岸线，深层的海水于是流至表层进行补充，也就是所谓的"上升流"，上升流温度相对较低并且富含营养物质，非常有利于鱼类的繁殖，也因此给秘鲁的渔民带来收益。

不过，大约每隔三五年，这个循环体系就会停一次。信风的强度大大减弱，以至于表层海水不再向西流动，而是停留在秘鲁海岸，底层海水也就不会上升了。渔业很快就会不景气，渔民们没有好日子过了……这一现象通常发生在圣诞节前后，因此被秘鲁人称为"厄尔尼诺（El Niño）"现象，也就是西班牙语中"圣子"的意思。那么，与厄尔尼诺现象相反的正常情况，就被称为"拉尼娜（La Niña）"现象，也就是"圣女"之意。

厄尔尼诺现象产生的影响并不止步于南美。赤道附近的海水停止向东南亚流动，会导致这些地区遭受干旱之苦，并极易发生森林火灾。异常强烈的飓风在太平洋中部形成，而美洲的沿海地区由于强烈的蒸发作用而时常遭受暴雨袭击。

海底的水

你还没有给我讲完洋流的循环运动，你刚才说深海洋流就好比我们的动脉，连接着心脏……

谢谢你的提醒，还好你没忘记！深海洋流进行反方向运动，比如从挪威海流向赤道。挪威海是我们刚才讲的洋流循环的心脏，也正是在那里形成了深海洋流。是这样的：相对较温热的海水从南边流到这儿，并且逐渐冷却下来，但是环境温度并没有冷到使海水的蒸发停滞，所以这片海域的盐度会随着蒸发作用而升高。冷却和高盐这两个因素，使得海水的密度增大，因此也就沉下去，流向了海底。我们把它称为"温盐环流"。大西洋的海水因此被分层了：最轻的在表层（水深低于 1500 米），也就是水温较高、盐度较低的表层洋流；而密度大的在底层，也就是水温较低、盐度较高的底层洋流。密度差成为了深海洋流循环的主要动因，然而这个循环也受到洋盆形状的影响。顺便说一句，一亿年前的海底洋盆和今天的完全不同，也就说明那时候的洋流和今天差异很大，洋流的变化必然给气候带来了翻天覆地的改变。

我对洋盆的故事很好奇，我先记下来，等以后再问你。现在你继续给我讲讲，为什么深海的水会比表层的水更冷？既然是一个循环，那么所有的水都应该混合到一起了才对……

从某种角度看，这样说也没错，我来说给你听。我们跟随着这股北大西洋深海洋流，从挪威海出发。它流向南边，科里奥利效应使它向右偏移，靠近美洲，它跨过了赤道，进入了大西洋南部的洋盆：巴西洋盆、阿根廷洋盆，最后到达了南极洲边缘。漫长的旅途中，盐分也会和浅层海水进行交换，使得这股洋流渐渐丢失盐分，也就是说，密度降低了。它于是分支了：一部分海水绕开南极大陆，转向东流；还有一部分就顺着大陆边缘向上升。上升的这一支逐渐降温，并重新下沉到海底，形成了我们说的"南极底层水"，它填满了所有超过4000米深的海底，平均气温在零下1至零上2摄氏度之间。你刚才问为什么深海的水如此冷。因为这些水来自极地。现在，需要把这个循环给接上了，让底层水重新回到挪威海和源头汇合。底层水遇到陆地阻碍时会往上升。在回去的路上，它们又会慢慢变热，密度逐渐降低，到达墨西哥湾，和那里的暖流一起回到挪威海。循环就这样形成了。

气候变暖会给这个循环带来怎样的影响呢？

我们知道，极地冰川融化而注入大海的水是淡水，如果气候变暖达到一定程度而导致大量冰川融化，那么极地周边海域的盐度就会降低，也就是密度降低，这会影响到深海洋流。那么我刚刚给你讲的这个受温度与盐度控制的洋流循环，就会被打破，致使整个气候系统受到影响。目前已经有研究表明，深海海水的盐度有所降低，温度也有所升高。

我甚至听说墨西哥暖流有可能会变缓甚至消失，是真的吗？

是呀，这是有可能的。如果墨西哥暖流完全停滞，洋流循环也就发生了故障，会给气候带来严重影响。但是，也别忘了，一个水分子从挪威海出发，需要 1500 年至 2000 年的时间才能走完整个循环。那也就是说，洋流导致的气候变化并不是一眨眼工夫的瞬间变化，而是一个较为缓慢的进程。从某种意义上说，这倒是值得庆幸的一件事，不然温室气体的增多，尤其是二氧化碳在大气中的比例升高，早就导致了严重的气候灾难。但同时这也挺可悲的，因为大自然的变化进程一旦开始，往往就不可逆转了，如果我们不针对问题的根源做出改变，是不可能挽回灾难性损失的。

海洋的诞生

你刚才说，深海洋流同样受到海洋形状的影响。如果我没有理解错的话，现在我们面前的大西洋，并不是一直以来都是这个形状的？

哈哈，的确，甚至大西洋都并不是一直以来就存在的。这是近五十年来的一个最不可思议的发现。事实上，在 1 亿年前，深海洋流的南北循环还不存在，因为那时候不论北半球还是南半球的大陆板块都还没有分离，因此温度低的海水一直滞留在极地。洋流的运动仅仅局限于赤道附近的东西走向运动，而赤道附近的海水温度很高，一直没法冷却下来，气候很炎热，人类无法居住。

这是怎么知道的？

啊，这可是个漫长的科学历程！我给你一条线索：我们在陆地发现了一些鱼类化石，比如巴黎盆地或者阿基坦盆地，甚至是在某些山峰的山顶也有！

这就表示，这些地区曾经是在海洋之下的？

完全正确！的确，历史上海洋曾经覆盖过的区域，现在可能已经露出了水面。同样，如今海洋覆盖着的洋盆，在很久以前也是不存在的。记住：洋盆并没有固定的界限。

我开始明白为什么你以前常说，"大海诞生、成长，然后逝去"。

那就让我来给你讲讲大海的诞生。我再给你一条线索：你现在观察一下我手里的这个地球仪，看一看大西洋的形状。是不是像一个"S"形？它的左边是北美洲和南美洲，右边是非洲。你有没有发现一个特别神奇的现象？

有！很明显！这就好像是拼图游戏一样：非洲大陆很完美地能和美洲大陆拼起来。这就是一个大发现？！都不需要做 10 年的地质研究就能看得出来呀！

我和你一样，在我初三的时候，我和我的小伙伴们也都看出来了。但是学校老师教给我们的恰恰相反：不，不，它们不是拼在一起的，这只是一个巧合，恰巧它们形状互补罢了。后来，我在大学里的学习也仍然沿用了这个一成不变的理论，直到 20 世纪 50 年代末期，科学家们才开始承认，海洋板块和大陆板块是随着时间变化在移动的。现在，我们都知道了，1.9 亿年前，所有的大陆板块连接在一起，是完整的一块大陆。

科学家们真不容易！可它们的形状看着也实在很明显啊……

我非常理解你的看法，科学界花了这么久的时间才承认这个肉眼看起来都如此显而易见的事实，确实是挺不可思议的。但是科学中没有什么是显而易见的！当时，为了证明这个假说，遇到了一个很大的困难：如果承认大陆曾经是完整的一块，如何解释致使大陆分离的原因呢？什么力量可以在海洋表面把大陆拖动，就好像港口的牵引机车把大轮船拖至靠岸那样？那时候的科学研究还没有解决这个问题，并且从物理学角度上分析是不可能存在这个作用力的。

海底勘探

真不敢相信，难道当时没有人尝试攻破这个难题吗？如果我曾经是地质学家，比如说生在凡尔纳那个时代，我肯定会疯狂地想解决这个问题的！

哈哈，也许即便你当时可以解决这个问题，你还是缺一样关键的东西：一艘真正的鹦鹉螺号潜水艇，可以带你真正潜入到海底两万里，而不是全凭凡尔纳的想象！事实上，在1850年以前，海底世界并没有太吸引科学界的注意。人们当然一直都很想知道海底究竟有什么，古希腊的哲学家们认为：海底可以直通地心，地中海深不可测，是没有底的海洋（其实地中海的平均深度约为2400米，和大西洋比起来浅多了，但古希腊哲学家们没法知道）。你要知道，海洋不是人类居住的自然环境，虽然人类很早就建造了船只去海上航行，但是要真正潜入海底，那还是得耐心等一等……至少等到电报和电话的发明呀！

啊？电话和大海有什么关系？

科学研究有时候是会走些弯路的！当我们开始想要把电话网络遍布各个大陆的时候，就需要把电话线铺在海底。在法国和英国之间的英吉利海峡，这个问题还比较好解决，因为英吉利海峡的地形并不是太复杂，但是要在大西洋，要打通欧洲和美洲的线路，我敢说，那简直就是登天般困难！

有意思！为什么呢？

那还是 1858 年，人们对大西洋的海底并没有什么认识。不得不说，要测量海底深度是一件挺困难的事。当时尝试了用麻绳，之后又用了钢缆，但总是受到洋流影响而偏离，并且长度也不够。总之，当电信工程师们乘船开始铺设电缆的时候，他们发现在大西洋中部的位置，来自海底的水流翻涌而起，随之又沉下去，好像那个位置有一块古老大陆被埋在了水面下，也许是被淹没的岛屿亚特兰蒂斯——自柏拉图以来，所有的水手都向往找到的神秘古国。英国人于是组织了最早的海上远航队，为的是绘制海底地形图。摩纳哥王子阿尔伯特一世之后在 1895 年和 1910 年间也派遣了出海船队。但当时的工具还无法达到真正的深海。直到 1915 年，保罗·朗之万发明了声呐系统，才通过声波实现了对海底更准确的测量。

声呐是什么原理？

声呐就是回声探测的原理。在水面摆放一个声音发射源和一个回声接收器，声波从发射源向海底发出，触底反射后又回到接收器。因为已知声音在水中传播的速度（平均为 1500 米 / 秒），那么只需要测量出声音从离开发射源到返回接收器所花的时间，就可以计算出海水深度了。保罗·朗之万还以石英晶体为超声波源，从而更加改进了这一测量方式。

那测量的结果如何呢？

结果可谓轰动一时！大西洋中部的海底地形图被精细绘制出来。我们看到海底有一条"S"形的海岭，被命名为"大西洋中脊"，而且这条洋中脊一直延伸到印度洋和太平洋，总长约六万千米。洋中脊的顶端，通常有一条裂谷，并且有些地方还会有横向的断裂，从断裂上看到的横切面，就像一个"M"。

这简直就是一条海洋中的山脉啊！

并不能这么说。洋中脊的形态还是没法和陆地上的山脉比的。发现洋中脊的时候，人们觉得这是一个独特而神秘的东西，并且好像是海底普遍存在的。那就需要对此给出解释！漫长的探索之路才刚刚开始。

我想人们应该很快就想办法采到了洋中脊的岩石样本，先看看它是什么成分。

是的，可令人惊讶的是，不管是从洋中脊的顶端还是侧峰打捞上来的岩石，都是一样的：火山喷发形成的玄武岩，并且所有海洋里打捞起来的成分都一样。这些玄武岩都比较特别，保留了岩浆流入水中时凝结的形状，像一个个小枕头。事实上，大西洋中脊可以认为是一系列火山口接续串联起来的。在整条洋中脊上，来自地球深处的熔岩一直会时不时地往外喷射流淌。在冰岛，洋中脊甚至高出了海平面，成为了活跃的火山岛。另一个惊人的事实是，这些洋中脊上的火山口，伴有非常活跃的热液运动，即高温海水的流动，这使得一些非常原始的动物（蠕虫、甲壳动物、细菌）能够在这些小型热喷泉附近繁衍生息。我们称这些海底热泉为"黑烟囱"。

我听明白了：所以在海底的不是一条山脉，而是一条火山链！那么，如果我是生活在1915年的地质学家或者海洋学家，我就已经有了我所需要的关键因素，来解释大陆板块是如何移动的了。

的确，基本上是都有了。除此之外，人们当时还研究了大西洋两岸的动植物化石分布，发现在美洲和非洲的同纬度地区，曾经生活着同样的物种。这就更加说明两块大陆之间的相似性。在1912年，德国气象学家阿尔弗雷德·魏格纳，发表了他的"大陆漂移说"理论……可在当时，大家都当它是个笑话。

为什么呀？

因为当时他还缺一样东西，你要是他的同龄人，你也需要找到的一样东西：大陆漂移的物理证据。是的，不久之后人们知道了洋中脊是一条火山链，贯穿了全世界的海底，但它又是如何使得大陆移动的呢？这还真是个谜题，直到 20 世纪 60 年代才被解开……我就很幸运地生活在这个年代，并且开始了我的地质研究事业。

板块构造

那就给我讲讲大陆漂移这个谜题是如何被解开的吧。

科学研究再一次经历意外，是因为第二次世界大战，或者说是因为战争促使的军事研究。战争时期，德军潜艇在大西洋北部重创同盟国海军，退出战争后，美国海军开始研究和优化海底探测系统，通过磁性来定位水下装备。因为潜艇的金属性，它们就好像是水中磁铁，会改变所在位置的磁场。但是为了能够探测到磁场的改变，首先需要了解已存在的参照磁场，也就是了解整个大海的自然磁场，这也就必须有一张海底磁场详图。为此，美国海军出资发起了全球的海洋地理远征（我最初的出海经历就是参与其中）。只需要我们的船拖着一些地磁仪在水中前行，磁场数据就被记录下来了。

等等，我要求停一下！你能不能先给我解释一下磁场是怎么回事？

你知道什么是磁铁吧？当我们把磁铁棒相互靠近，它们要么相互吸引，要么相互排斥。磁铁棒的每一端都是一个磁极：一个是"北极"，一个是"南极"。磁极相反时相互吸引（即南极与北极相互吸引），磁极相同时相互排斥（比如北极与北极相互排斥）。而地球的地核中含有大量的铁，内核是坚硬的固态，外核是流动的液态，外核中的对流产生了电流和磁场，就好像一台发电机。于是地球就如同一块巨大的磁铁，它的磁场覆盖了整个地球，也正是因为地球磁场的存在，你的指南针才总能指出正确的方向。

地球磁场的北极在加拿大北部附近，磁场南极在南极洲。还有一个重要的发现：地磁场的磁极会在地球表面移动，甚至会倒转。岩石和沉积物会保留它们原有的磁场，地质学家因此发现了地磁场倒转的一些规律，大约每几百万年倒转一次。然而也会出现更长的倒转间隔，有时候长达几千万年。我们并不知道为什么磁极要倒转，但这是一个事实，我们称这种倒转现象为"地磁异常"。

好，我们再回到船和地磁仪：在大西洋里测磁场，有什么新发现没有？

有一个了不起的发现，它改变了人类对海洋的认知，从而也改变了对地球的认知。根据测量数据，我们可以看出，大西洋中脊的峰尖两侧完全对称地呈现出同样的地磁异常序列，这个现象贯穿整条大西洋中脊，后来人们也验证到在全世界的海洋中都存在洋中脊。打个比方说，如果我们用黑色代表此处的磁场，白色代表与之相反的磁场，那么我们就会得到一张像斑马皮一样的磁场图，黑白条纹相间。

这又能说明什么呢？

我们已经知道，法国学者伯纳德·布伦斯的研究发现，地球磁场曾经发生过一系列倒转现象，这都在法国中央高原的火山岩层中被记录下来。那么我们就会想到，洋中脊的火山岩所带有的地磁异常，就是海底地壳运动的有力证明。事实上，海底地壳的形成与演变是这样的：岩浆从洋中脊流出，平铺在两侧，之后又被下一次喷发的岩浆冲向底部，因此最新形成的海底地壳分布在距离洋中脊峰尖最近的地方。如此一来，海底地壳就需要持续不断扩张。

如果说海底在不断膨大，那么陆地上应该也一样吧，这也就是说地球会越来越胖咯？

不是的。其实形成洋中脊的物质会重新回到地球内部，它们渐渐潜入地壳之下，从而补充了从地壳下喷发出来的岩浆。我们称这种现象为"俯冲作用"。年代久远的洋壳，它们密度大，潜入更轻的陆壳之下，或者是别的更轻的洋壳之下，这样就形成了一个地球表面和地球内部之间的物质循环。地球表面有十余个大陆板块，加上大西洋和太平洋板块，它们都在一直不停地移动。这种全球范围内的运动又被称为"板块构造"。

你刚才说有些地壳物质会回到地球内部，那就消失了？

当某板块开始潜入另一板块之下，岩石就进入地球内部，越来越深，温度也越来越高，大约每深入

100 米，温度就升高 3 摄氏度。根据岩石的化学成分的不同，不同成分开始逐渐达到自身熔点而融化。这就形成了一股股的岩浆，岩浆又会冲上地球表面，时机成熟的时候，就会被火山喷发出来。于是，板块边界处成了火山地震多发区。我们所知的比如环太平洋的一系列火山，它沿着整个美洲西部，从南美安第斯山脉、墨西哥、阿拉斯加，一直到太平洋另一边的日本等国，被称为"环太平洋火山带"。另外，在大西洋沿岸的美洲中部，也就是安的列斯群岛，也是火山运动的活跃地区，比如有马提尼克 1902 年的培雷火山喷发，海地 2010 年发生地震。同样，从地中海到红海也分布着火山地震带（尤其在意大利），著名的火山有：维苏威火山、埃特纳火山、斯特龙博利火山，以及今天著名的圣托里尼岛也在公元前 1500 年发生过严重的火山喷发。

大约四分之三的地壳都历经这样的变化而形成，在 20 世纪 60 年代之前我们对此一无所知，因为当时没有人能想象海底发生的一切。1967 年在华盛顿举办的美国地球物理学会的年度大会上，美国地球物理学家杰森·摩根（Jason Morgan）介绍了板块构造理论……然而会场里的听众寥寥无几，因为大部分人都离席吃午饭去了。但不久之后，这个理论以出版形式面世，并且终于得到了科学界的承认。

海底火山

那么说到底，究竟是什么让这一切循环运转起来的呢？

你问得对，这一切需要一个动力源头。光有火山是不够的：火山熔岩首先是液态的，怎么能把地壳板块推动到那么远呢？这得有个更强更深的动力才行，在地幔以内的动力。

地幔？我不是很明白……

地球就好像一个鸡蛋。蛋壳就是地壳（包括陆壳和洋壳）。在中心的蛋黄就是地核，主要含有液态

60

的铁，温度超过4000摄氏度。地核的外围就是地幔，像蛋白一样黏稠，同时也像蜡一样受热就可以改变形状。因此在地幔中有一些对流，就好像在一口锅里，中间最热，周围温度相对较低。地幔中的岩浆涌到洋中脊的火山口，然后流出，逐渐将两板块分离，形成一道伤疤，一道填满了火山的伤疤。

板块构造理论是否可以解释全世界所有的火山喷发？

并不可以。板块构造所导致的火山活动主要分布在板块之间的边界，在边界处要么板块之间互相分离（火山在伤疤处出现），要么板块之间发生俯冲作用（我们刚才说的环太平洋火山带就是很好的例子）。这个火山体系是持久而规律的。然而还有一些意外的火山活动，即一些存在于某片海域中间或者某块大陆内部的火山。我们花了挺长时间才搞清楚它们是从哪儿来的，事实上，我们发现这些火山可能来自地球的更深处，大概在靠近地核的位置，在地幔的最里层，有一个非常不稳定的区域，那里有各种物质的混合溶液，可以冲上地球表面。我们称这样的火山为"热点火山"。目前地表已知的热点火山有五十多座，有的已经是死火山，但也有一些还比较活跃，比如留尼汪岛或夏威夷岛上的火山。这些热点火山虽与板块构造无关，但却能告诉我们板块运动的一些情况。你想想看，假如在一把焊枪上放一块金属板，那么金属板上会烧出一个洞；那么你把金属板移动5厘米，就会烧出另一个洞。因此我们也可以这样追踪到板块的运动。

那么海洋里有好多火山，偶尔会有火山冒出水面，是否也会有火山消失呢？

从我们的视野里消失，是有的。它们沉下去了。

比如太平洋里的珊瑚岛，它原本是沉降后被淹没的火山。

啊？那么我在火山里游过泳？！而且我记得水是温热的，并且有色彩缤纷的鱼、特别美的珊瑚……快告诉我珊瑚岛到底是什么，它又是怎么形成的。

首先得有海底火山，也就是我们刚才说的热点火山。熔岩穿透地壳，冲出地表并形成一个火山岛。在火山岛周围，五颜六色的珊瑚大量聚集在海水下几米深处，并安顿下来。有一点我得告诉你，你可别太相信直觉，珊瑚并不是植物，而是动物哦。

这我知道，你不说我都知道！

不过还是说得明白一些比较好。珊瑚是海洋里的一种群居动物，就好像某些鱼类一样。它的主要习性是喜欢阳光，因此生活在浅水区，也就是太阳光可以照到的地方。珊瑚也喜欢热：南北纬30度之间的太平洋海域水温约27摄氏度，因此是珊瑚理想的生活环境。要是能在一座火山周围，那就更好了，珊瑚群能把整个火山岛的水下部分占领。由于板块构造的作用，洋中脊附近的洋壳会俯冲而渐渐下沉，而洋壳会带动整个火山岛，包括火山岛周围一圈的珊瑚。珊瑚因此有被渐渐带往深海的危险，所以它们得努力长大，以便能继续晒到太阳。

那它们可得长快些呀！

是的，珊瑚的命运有两种可能性。如果珊瑚生长的速度比岛礁下沉的速度要快，那么这些珊瑚依然能生活在阳光充足的水层，于是在火山口附近形成暗礁或环礁，也就围成了一个湖，可以是开口的，也可以是闭合的。这样就形成了我们能在明信片上看到的很经典的珊瑚岛，有鲨鱼，有度假的游客。另一种可能性，就是岛礁下沉太快，珊瑚无法在深水区生存，于是销声匿迹，而在海底留下的就是一块岩石小山坡，如同火山残留物一样，我们称之为"海底火山"。值得注意的是，太平洋的海底火山，乃至全世界的海底火山，绝大多数都是在一个特殊时期形成的：白垩纪中期。也就是说，这些火山的平均年龄在9000万年至1.2亿年之间。在这个时期，由于一次不同寻常的海底火山爆发，温室效应导致地球发生了严重气候变暖，海平面急剧上升。这对珊瑚来说是致命的一击，因此这一时期形成了大量海底火山。

今天是否还有可能出现这样的大量珊瑚死亡，导致珊瑚岛消失呢？

你既然这么问，那肯定也就明白了珊瑚礁的脆弱。如果海平面升高，珊瑚会因为缺乏阳光照射而死亡，如果海水太热，珊瑚的食物和营养来源——细小的浮游藻类也会消失，进而导致珊瑚失去它们美丽的色彩，变成白色然后死去。目前，世界上很多地区的珊瑚都处于濒危状态。澳大利亚东部的大堡礁，是世界上最大的珊瑚礁群，自 1985 年以来几乎已有一半的珊瑚销声匿迹。主要原因除了被一种破坏力极大的海星吞噬之外，就要数气候变暖和海上风暴对珊瑚造成的威胁了。白垩纪中期的火山喷发已经离我们很远了，但是珊瑚的消失也为全球气候变化敲响了警钟啊。

大陆的芭蕾舞

我们再回过头来看看大陆板块构造。大陆漂移是怎么产生的，目前已经被大家所理解了？

是的，勇敢追求真理的魏格纳，后来终于恢复了名誉，在那个年代，他给出的解释并不成立，但至少他的直觉是对的。今天，我们知道海洋是什么时候怎样诞生的，也知道大陆板块会如何再漂移下去。

那你来讲讲这个故事吧："从前……在一个叫做地球的星球上，有一片巨大的海和一块坚硬的陆地……"

那就要从 10 亿年前说起了。那时候不论是地球的内核还是外壳，一切都还在变化（根据今天的科学研究所知，地质构造运动大概在 20 亿年前就开始了）。地球上的生命，还仅仅处在微生物的阶段。那时候仅有一块大陆——罗迪尼亚超大陆。我们认为，在这个时期，地球有好几次都完全被冰雪覆盖，成为名副其实的雪球。接下来，罗迪尼亚超大陆分裂成好几块，而在海洋里，生命的进化也正在书写新的篇章，那是大约 5 亿年前，我们称之为"寒武纪生命大爆发"。节肢动物、软体动物等等许多不同的生物在这时候出现。后来，到了距今 2 亿年前，分裂成几块的大陆又聚合到一起，重新成为一块独一无二的陆地，这也是恐龙和松柏的时代。这个时期的海洋称为"泛大洋"（Panthalassa，希腊语，意为整一片海），它就是太平洋的前身。而这片大陆被称为"盘古大陆"（Pangea，希腊语，意为整一片陆地）。在非洲的东北部，有一片伸出的海初显轮廓，我们称之为"特提斯海"。在盘古大陆上，生活着体态巨大的爬行动物，植物也生长得十分繁茂。我刚才说了，由于地球内部也在发生变化，所以盘古大陆首先裂成了两块大陆：北边的"劳亚古陆"，它是亚洲、欧洲、北美洲的前身；南边的"冈瓦纳古陆"，之后演变为非洲、南美洲、大洋洲、南极洲和印度。

4000万年后，在未来的北美洲和未来的非洲之间，出现了一片海：这也就是大西洋的诞生，有点儿像是特提斯海向西扩展延伸了。又过了4000万年，裂口变大，未来的北美洲和未来的非洲完全脱离，使得大西洋的开口逐渐拉大；并且在东南方向，有一块大陆脱离了非洲东岸，未来将成为南极洲、澳大利亚和印度。印度板块很快就向北漂移，撞上亚洲，并且成为了亚洲的一部分。这次撞击也使得喜马拉雅山脉诞生。最后，到了距今4000万年前，大陆的构造已与我们今天所看到的基本一致，并且板块之间还在继续拉伸、移动。直到今天，美洲和欧洲每年大约会相互远离 2 厘米。

真是个大工程啊！

的确可以这么说！假如从太空看地球，并且把整个地质构造的进程加快速度回放的话，那可真像是看一场芭蕾舞呢：吸引，排斥，结合成一整块大陆，分裂，重新结合，再相互分离，小块大陆和另一块大陆重聚，然后又散落出好几块……

我觉得这个运动过程有点儿像手风琴，来回拉扯。

确实，我们也很好奇，究竟是地球的本性如此，大陆板块会一直像手风琴一样分分合合；还是这个过程纯属偶然……

事实上，地球表面一直在漂移，没有什么是固定的！

是的，你完全理解了：一切都在漂移，即便是海洋也一样！

那么太平洋在这场混乱的漂移中是怎么走过来的呢？它的洋盆面积不断缩小，我想应该也经历了不少曲折吧？

的确，它现在比盘古大陆那个时代要小了，不过太平洋仍然是世界上最大的洋，它几乎覆盖了地球表面的一半。太平洋的历史比大西洋就复杂多了，并且它的海底留下了许多起伏不平的痕迹，尤其是西部海域。我们在太平洋西部发现了一系列非常深的海沟（马里亚纳海沟，世界最深海沟，深度达 11 千米）以及海底火山等。太平洋也有一条洋中脊，那里也有地心岩浆流出，其规模略小于大西洋中脊，从墨西哥西边向南延伸，之后又向西北抵达澳大利亚。在很久以前，太平洋底有五条或更多的洋中脊，它们互相连接，形状类似一个五边形，然而其中的四条洋中脊都由于俯冲作用而潜入了太平洋西部的海沟里。

海底沉积物，地球的档案馆

有了板块构造原理和大陆漂移说，我们可以解释地球历史的一切了吗？

不，还不行。但已经可以确定的是，大海是地球历史的记录员，因为累积在海底的沉积物可以追溯到很遥远的历史。

但是在陆地上一样可以挖到沉积物呀，一层层的沉积岩，我记得我们课上的老师教过的。

是可以，但那不一样。我们在陆地上挖到的沉积物，要么来自海里，在山脉形成时从海底被抬升出来；要么是在陆地上新形成的沉积物，比如风吹来的黄土，比如湖泊沉积物，仅有几千年的历史。

那陆地上的沉积物也只能是地质大家庭里的婴儿了！

哈哈，地质学家、天体物理学家和海洋学家可都是慢性子的科学家！你可能以几天的视角考虑问题，而他们考虑的问题都要跨越几百万年。话说回来，在海底深深埋藏的沉积物里，几乎能一页一页读到地球从两亿年前到如今的所有历史痕迹，你觉不觉得这是很酷的一件事？

是啊，那当然，就好像是一座巨型档案馆沉入了海底。

完全正确，海洋就是地球的档案馆。首先，它是一个跨越历史的体温表，让我们能够重新看到过去几百万年间的气候变化，这已经够神奇了。由此我们还能明白地球的整个生态系统的运作方式：海洋、大气、生物圈，这三者之间持续的相互作用就决定了气候。这也就是地球上的一切了，这个身处茫茫宇宙中的蓝色星球，没有什么是来自外界的，除了太阳照来的光芒，以及曾经彗星带来的水！

那么，怎样才能测出一百万年前的气候呢？

通过深海钻探。就像地质学中对岩层取样那样，打30米左右的孔，然后继续深钻，有时候会达到2000米那么深。从空间上越往深处去，从时间上就越往早期走。在稍微远离大陆的地方，沉积物的取样几乎完全都是浮游生物的遗迹，也就是海洋里的微小植物或动物，曾经生活在表层，死后沉入了海底。而对于一些单细胞生物来说，比如变形虫或单胞藻，它们的生命周期短（约 15 天），会随着环境的变化而不断变化，因此我们通过观察它们的变化，就可以大致知道气候的变化。这些小家伙真的是太棒了，多亏了它们，我们才能知道它们存活时期的海水温度和盐度，并且可以精确到一个世纪的时间跨度！

我补充一句，在地球的时间轴上，一个世纪简直就相当于我眼中的十分之一秒！

没错，如果我们把宇宙的年纪比作一年，那么一个世纪就相当于百分之一秒！

但我还是没有明白，这些几百万年前的小生命是怎么记录当时温度的呢？

我们可以通过测量某些物理化学现象来了解温度，尤其是氧气的存在，可以通过这些生物的钙质外壳来探测到。再给你补点儿化学知识吧：氧元素有多种"同位素"，简单说就是有好几种不同版本的氧，其中氧16是我们平时喝的淡水以及呼吸的空气中常见的，氧18则主要存在于海水中。我直白地告诉你，这两种氧的同位素的含量配比，能够让我们知道环境的温度。如果我们在浮游生物的外壳中测量出大量氧18、少量氧16，这说明它生活在寒冷的时期。也是用同样的方法，我们取样极地冰川中的气孔，通过分析其中空气的氧18和氧16配比，来研究曾经的大气温度。正是这样，我们才知道了地球在近一百万年来的冷热往复变化：大约每10万年，就出现一次冰期。

生物泵

　　如今我们从海底开挖采样，是为了看一看是否会有气候异常的危险吗？

　　比方说，我们会在沉积物里发现，当时空气中的二氧化碳含量和当时的温度，与今天大不相同。如今空气中的二氧化碳含量已经是地球所经历的所有冰期和间冰期最高值的两倍。如何解释这种不平衡？之前我们讲洋流的时候提到过，大海就是一个"生物泵"。表层海水里生活着的浮游生物，可与大气进行交换：大量的浮游植物会吸收空气中的二氧化碳。相反，它们死后沉降到海底，又会释放出二氧化碳，并随着洋流上升到表层，回到大气中，然后又重新会被别的浮游生物吸收。这一持久的循环使得大气中的二氧化碳含量趋于稳定。如果洋流循环非常活跃，那么大海这个泵就可以吸收很多二氧化碳，如果循环趋于迟缓，那么二氧化碳则会更多地聚集在大气中。你肯定知道，二氧化碳是导致温室效应的一种气体，所以说，这个"生物泵"是控制全球气温的一个关键所在。

那现在这个泵可有些迟缓了！也是通过与过去情况的对比，我们才能知道历史上二氧化碳的含量从未达到过今天这么高，对吧？

是的，目前它的含量超乎寻常地高。在过去的好几百万年间，从未有过，并且自1950年以来，二氧化碳的增速也变得尤其快。

自然界中，这种气体会在火山喷发或者森林失火时被大量排放，生物群体的呼吸作用和有机体的腐烂也会产生二氧化碳。自然状态下，全世界每年大约会有 30 亿吨碳排放量。但除此之外，人类使用化石燃料、砍伐森林等行为，会导致每年产生大约 70 亿吨碳排放量，也就是自然状态下的两倍多！这仅仅是一个估计的数值，因为二氧化碳不断被产生也不断被吸收，一部分被海水吸收——我刚刚已经解释过，一部分被陆地上的植物吸收。

你已经讲过，气候变暖使得海平面上升，最后导致珊瑚岛的消失。但有件事我还不明白：你最早就说了世界上的海水总量是稳定的，然后你又说海平面上升。那这是哪里来的水呢？

海水受热后会膨胀，膨胀就要占更多地方，所以海平面上升啊。北极和南极的冰盖，原本是由雪累积成了冰，也会因为气候变暖而逐渐融化，这些融化后的水流向大海，也会使海平面上升。说到这儿，我也提醒你区分极地冰盖和海里的浮冰，浮冰是海里的水结成的冰。浮冰融化不会使海平面升高。不信你可以做个实验来验证：在一杯水里放一个冰块，等冰块融化，你会看到这杯水的水面并不会上升。不过，虽然浮冰融化不影响海平面，但会使当地的动物失去栖息之所，比如北极熊，它们如今的生存环境已经受到严重威胁。另外，浮冰也在全球气候平衡中扮演着重要角色，因为白色的浮冰会反射太阳光，当浮冰消失后，阳光照射会增强，从而导致海水温度升高。据估计，几年后，夏季浮冰将会完全消失。

你讲了海平面升高的原因，那么海平面升高会带来什么后果呢？

在冰期和间冰期之间，海平面的先后差距能达到大约 130 米，然而其实全球平均气温的变化只有 5 到 6 摄氏度。根据最新的测算，如果我们能够减少温室气体的排放，那么到本世纪末气温大概会升高 2 到 4

摄氏度，海平面会升高 40 厘米至 1 米。但如果我们无法遏制温室气体的排放，那么这些数据可能还要再翻一倍。

如果我没算错的话，你刚才说的有点儿问题。既然气温升高 5 到 6 摄氏度就能让海平面升高 130 米，那怎么温度升高 2 到 4 摄氏度只会让海水升高 1 米呢？

这两者的背景条件是不同的。冰期的时候，储存了非常多的冰，而到了间冰期的时候，大量的冰已经融化，极地冰盖所剩的冰就不多了。所以，由于冰的存量少，海平面上升的程度也就相对较少了。今天，海水上涨使得许多低海拔的国家面临危险。拿法国来说，南法的卡马尔格地区有可能被水淹没；如果真的到了那一天，全世界都会出现人口大迁徙：珊瑚岛、三角洲等很多地方都无法再供人类居住，成千上万的人将成为"气候难民"。

窒息的大海

那得好好保护大海呀！

得好好保护整个地球：大气、生物圈、森林……当然也得保护大海。首先就需要做的一点是，别把大海当垃圾桶！你知道吗？海上有大面积的垃圾在漂浮，被称为"塑料大陆"。

有一次，我参加一片海滩的垃圾清扫，当我们把捡到的所有塑料袋和饮料瓶聚集在一起的时候，我简直吓了一跳。真是不能想象，在整个大海里，得有多少垃圾。这些垃圾大陆，是不是像海岛一样？

用"大陆"这个词当然是一种夸张的说法，毕竟，如果我们真的走上去，肯定会直接掉到水里的！

事实上，这些"大陆"指的是很大一片面积的海域都漂着垃圾，但是它们并不是紧紧抱成团的，而是大约一平方米漂着一个垃圾物体。大概在 15 年前，一位航海家在太平洋上发现了一大片被塑料垃圾占领的海域。这片海域的面积达到了法国领土面积的三倍，也就是说，那里漂浮着几万亿的垃圾碎片：塑料瓶、塑料袋、皮艇、足球、玩具……因为塑料制品的降解时间需要好几百年，它们也许随着时间的推移已经漂了很远，最终到达这片被洋流环绕的广阔海域，于是被困在这里不停地绕圈圈。后来，人们又在太平洋、大西洋和印度洋分别找到了三个类似的区域。

太可怕了！听说鱼类遇到这些漂浮的塑料袋，很容易会窒息的。

是呀，这给海洋里的动物带来了巨大的灾难。乌龟、信天翁、白鲸、海豚，它们以为这些塑料垃圾是水母，就一口吞下，结果窒息而死。联合国环境规划署的数据显示，塑料垃圾碎片每年会导致超过100万的海鸟和超过10万的海洋哺乳动物死亡。人们在这些已死动物的胃里找到了注射器、牙刷、打火机……事实上，所有陆地上的物体，只要是能被水带走的，都迟早会流进大海。

更别说那些直接排放到大海中的污染物：石油、化工用料……

还有油舱清洗，这可是有意识地对大海进行污染：石油商将油船开到广阔的大海上，清洗油舱中残留的石油，油污和洗涤剂全部都直接排入大海。还有看起来不那么直接的污染方式：工业活动产生的化学废料，通常都溶解在水中，排放到河流，最终也流到大海里。同样，农业活动中使用的一些化肥，往往含有高浓度的磷酸盐和硝酸盐，也会溶解到水中而最终到达大海。甚至有些工业废料含有可溶于水的重金属化合物，比如铅或者汞，很长时间以来，我们都没有意识到这些重金属的危害，现在才对这些重金属污水进行特殊处理。往往等到海洋里的动植物深受污染物的威胁，我们才能发现污染源。有些地区甚至已经没有了生命迹象，成为一片死亡海域。

你的意思是，在这样的死亡海域，只有海水，没有任何生命可以存活？怎么会变成这样呢？

因为缺氧。在水里生活的动物都需要呼吸溶解在水里的氧。一旦某些地方没有了氧，那里的生物就会丧命。最为著名的死亡海域在墨西哥湾，面积有半个比利时那么大；还有一个死亡海域在波罗的海，那里浸没着第一次世界大战留下的大量弹药。根据卫星观测数据，全球的死亡海域加在一起，面积能超过十个法国。

为什么这些海水会缺氧呢？

大部分情况下，都是因为水的"富营养化"。在某些农业强国，种植业和畜牧业都非常发达，那么紧邻这些国家的海域就很容易遭到化肥残留物的污染，而化肥中含有大量的硝酸盐和磷酸盐，对绿藻的生长极为有利。结果导致海水里绿藻疯长，密密麻麻的绿藻不仅阻挡阳光穿透，而且本身也消耗水中的氧气，使得下层的生物都缺氧。通常情况下，鱼类都会避免游到这样的区域，而一些无法逃走的生物，比如某些行动不便的软体动物，就只能等待死亡的降临。它们死后，尸体沉到海底，在那里腐烂，而腐烂的过程同样也会消耗掉氧气，导致海水缺氧更加严重。最终，这片海域里将不再有生命迹象。同时，这也给沿海的居民带来严重的后果。绿藻会漂到海滩上，形成几十厘米厚的绿毯，在空气中腐烂并释放出有毒气体。近年来，在法国西部布列塔尼地区的某些海滩上，甚至出现了中毒死亡事件。

这种现象完全是由人类引起的吗?

不完全是,无氧海域是自然存在的,通常在深海区,黑海就是一个例子,那里的浅层海水与深层海水几乎完全不对流,因此海底就特别缺氧。在那里,没有生命可以存活……这种自然出现的"窒息"海洋极有可能在地球历史上的动荡时刻造成极大危害,与曾经的物种灭绝有一定的关联。如今,这种现象因为工业污染而在不断加剧,比如黑海就在遭受多瑙河河水运输来的污染,而污染一旦造成,要想清除就特别困难了。除此之外,大气中温室气体的增多还会导致海水酸化,使海洋生物的生存秩序遭受又一重大破坏。

海水酸化,究竟会怎么样?

大海会吸收大气中约三分之二的二氧化碳，二氧化碳溶于水后，就变成了酸。随着二氧化碳的增多，现在的海水比工业时代来临前要酸30%左右。酸度如果过高，对一些具有钙质外壳的生物来说危害很大，比如浮游生物、牡蛎、贻贝，它们的壳会被腐蚀，危及生命。而如果这些生物逐渐消亡，海洋生物链将被打破，从小小的浮游生物开始，到以它们为食的小鱼小虾，再到以这些小鱼小虾为食的大鱼，这一整条食物链上的海洋生物，都将会面临危机。

鱼类的危机

有可能在不久的将来，海里就没有鱼了？

是呀，现在看来，已经有这样的趋势了。并且，这也是人类犯下的错。错在了两方面：一方面是高强度的工业和农业对大海造成了污染；另一方面是过度捕捞，这对已经在变少的鱼类来说等于是雪上加霜。你看，这是一个恶性循环。污染和过度捕捞互相加持，大海就要被掏空了。我们计算过，与1945年相比，海里的可食用鱼类已经减少到了六分之一，而捕捞起来的鱼却翻了10倍。你算算看！很多渔场都已经倒闭了，成千上万的渔夫都失了业，最终导致整个地区都变得更贫瘠。

那就禁止捕捞，不可以吗？

当然不行。有节制的捕捞，如同适当的狩猎，是有利于协调动物生存空间的。但人类是个不节制也不可控的捕食者，智能的捕捞方式达到了可怕的效率，细网眼的捕捞网屡禁不止，拖网捕捞把海洋深水区一网打尽，甚至有人出动卫星来探测鱼类的聚居地。

那么我们就别再吃鱼了！我觉得不影响我，反正我也不那么爱吃鱼。

但这并不是可行的解决方案。首先因为这不可能实现，怎么可以做到禁止大家吃鱼呢？其次是所有过激的措施都有可能打破现有食物链的平衡。过度捕捞就是一种过激的方式，我们现在已经看到它带来的后果了。食物链产生的反应是立竿见影的。你也许很难想象，今天已经不多见的鳕鱼，在几个世纪以前的大西洋北部非常多，多到几乎可以空手在海里抓起来。当时一位渔夫的日记里写道，在加拿大纽芬兰的港口生活着太多鳕鱼，有时候船只都没有办法驶进港口停泊靠岸。法国探险家雅克·卡蒂亚在1534年到达加拿大，他开玩笑说，要是在进港前就下船，然后踩着鳕鱼的背走上岸，连鞋都不会湿呢！

暂且不说雅克·卡蒂亚那个时代，我小的时候，就去过魁北克的加斯佩半岛，有时候和渔民一起乘船去圣劳伦斯湾捕鱼。加斯佩位于圣劳伦斯河的右岸，曾经所有的居民都以捕鱼为生。每个村子都有许多大柳条筐用来晾干鳕鱼，因为会有鱼腥味，所以一般不会在村子中央地带晒鱼。大家老远就能闻到这气味，在看见村子教堂的尖顶之前，就能知道村落不远了！在渔船上，我们当时还只是用鱼线来钓鳕鱼，不过船舱很快就装满了。但在那时候，对鳕鱼的捕捞就已经开始管控了，渔民们都害怕渔业部门的巡逻队，渔民们告诉我说，"把那些个头小的鳕鱼藏到你的凳子底下！"我当时问为什么，可是没有人告诉我。后来，我渐渐明白了。由于鳕鱼的数量急剧减少，渔民不再遵守规定，开始对一些个头小的鳕鱼下手了。于是，捕到的鳕鱼个头越来越小。这真是大错特错！越来越少的鳕鱼能活到繁殖后代的年纪。又过了一些年，渔船就空空而归了。鳕鱼的生存系统就这样完全崩溃了。不需要活到我这么老，也不需要活在雅克·卡蒂亚那个时代，就能见证纽芬兰渔业的变故：鳕鱼从二十年前开始消失，并且在十余年间，纽芬兰的海港几乎再也找不到鳕鱼的踪影了。人们盼望着鳕鱼回来，可也只是无谓的空等罢了。

为什么是空等呢？即便不再捕捞鳕鱼，它们也还是不能重新繁殖生长吗？

某种生物需要重新繁殖起来，是有一个门槛的。如果这一物种的数量已经下降到初始自然状态（也就是其可以维持稳定生存的状态）的 10% 以下，那么它们的繁殖更新赶不上自然界捕食者对它们的捕杀，就离灭绝的那一天也不远了。许多可食用鱼类，都是因为过度捕捞而濒临灭绝：鳕鱼、野生三文鱼、金枪鱼、鮟鱇鱼、鲷鱼、玫瑰虾、鳐鱼、无须鳕，还有鲸、所有甲壳类动物、棱皮龟、拉帕戈斯和塞舌尔的巨型海龟。如今，我们捕捞的海洋动物数量，达到了它们繁殖更新数量的 2.5 倍。

那为什么还要继续捕捞呢？

只要市场有利可图，大型食品集团就不会罢手。而且随着某些鱼类变得越来越罕见，利润就越来越大。蓝鳍金枪鱼就是个令人气愤的例子。在日本，蓝鳍金枪鱼大量用作寿司和刺身的食材，并且这种风潮很快席卷了许多西方国家，科学家们早就呼吁对其采取保护措施，然而无济于事。随着蓝鳍金枪鱼变得稀有，它的价格也高得惊人。2014年初，一条重222千克的蓝鳍金枪鱼在日本拍卖出了138万欧元的价格，相当于每千克6000欧元！

要是下次有机会吃寿司，我一定不点金枪鱼了！应该怎么做，才能阻止人们对它赶尽杀绝呢？

抵制过度捕捞其实并不难，保护这些濒危物种也是有办法的：只需要遵守已有的国际保护公约（说起来容易做起来难），或者可以在当地规划出一定面积的保护区，保护区内禁止捕捞。这样的措施往往会引起渔民不满，然而非常有效。举个例子来说，石斑鱼在地中海曾经几乎快要销声匿迹，石斑鱼科研队在法国南部的克罗港岛建立了一个保护区，几年后，石斑鱼都回来了，并且数量可观，甚至需要渔民们对其进行捕捞。大自然非常脆弱，经不起我们肆意妄为；然而只要我们给予保护，大自然也能很快更新和再生。

大家共享的水

我明白了，地球的未来还在于大海……

说得对，我非常同意！讲了那么多可怕的事例，让我们再看看我们面前的这片海。你看，它还是老样子！说到底，大海的力量，是永恒的力量。

永恒？

我的意思是，水不会离开地球，这实在是一件太美好的事了。我早就说过，地球上的水量是保持不变的。虽说这些水不断遭受污染，对生态环境的危害变得越来越严重，但你也知道，水是生命的关键，所以你说得对，我们的未来还是在于大海……

是的，不过，海里的盐怎么办？

正好说到这儿，我觉得海水脱盐变为饮用水的技术非常有前景。这样人类生存的一个巨大问题就得到了解决，也就是饮用水短缺的问题。由于气候的不同，世界上很多贫困地区都没法进行农业种植。甚至有许多战争归根结底是在争夺水源。如果我们在全球各地，尤其是在非洲，建立起小型太阳能工厂，把当地的海水进行淡化，再通过某种方式把水输送到家家户户，那么这将会是人类历史进程上的伟大创举。并且这种方式既不会伤害地球，也不会伤害大海。

你简直比我还会想！如果有一天人类开始大量淡化海水了，你觉得海里的水够用吗？

当然够啦！海水是不会枯竭的，并且还有一个好处，就是海水并不专属于任何人。可惜的是，许多国家都扩展了自己的领海范围，达到了海岸线外 200 海里（约 370 千米），并且在各自的领海内专享开发使用权。但其实大海像太阳、风一样，是地球上人人共享的自然资源，希望海水永远不会成为市场交易的筹码。

去海上远航!

你们是否还记得，你们第一次出海是什么情形?

　　对我于贝尔来说，那简直是一生难忘的经历。你知道，我并不是海员出身。我小的时候住在魁北克蒙特利尔，家门前的圣路易湖就是我的"大海"。我看着圣路易湖以及与它相连的圣劳伦斯河，梦想着有一天要去真正的大海。后来，一次登山远足的经历，我真的看见了远处的大海!那一刻，我简直没法移开自己的目光，并且，正如我最开始提到的那样，我感到海天相接的尽头在呼唤我。正是这种想要看得更远的渴望，使我们今天聚集在一起，因为我们都爱大海，也因为我们都想更了解大海。说到底，科学也是如此，是想要看到更多的渴望！

至于我，伊夫，是海里出生的孩子。不过，我其实生在瑞士，但我的父亲来自法国布列塔尼的航海家庭，从爷爷这一辈开始，家里所有的男人都当过船长或远航的水手。我7岁的时候见到了大海，在布列塔尼，那时候战争刚结束。一切仿佛就在昨天！我仍然记得脚踩在沙滩上的感觉，记得退潮时大海的味道。我深深被大海吸引，很想去海上看看。第一次出海是和叔叔一起，他教会了我掌控船帆。从一开始我就下定决心，有一天我要一个人穿越大西洋。但一直到66岁，我才实现了这个年少时的愿望。

你经常带我们一起出海，但我特别想知道，独自在海上航行几个星期是怎样的感受。

我并不是说不喜欢和你们一起呀，我也喜欢结伴出海，但是我得告诉你：一个人出海，那才是无上的体验。世界上很少有什么地方能允许你有这样的感受，你在一艘10米长的小船上，这在大西洋上简直就小得像一个核桃壳，你能感受到什么是真正的孤独。这样的孤独能给我的生活带来幸福感。比起独自出海，我很难得有如此幸福的时刻了。这种感觉是无法用语言形容的。

试试看嘛，形容一下。

从加那利群岛出发，刚出港口，你扬起主帆，风推着船向前驶去，你感觉到它犹如一匹骏马，时不时还会抖动着身体，你扬起三角帆，把一切都抛在身后，向大海深处驶去。这时候，你看不到任何可以指示方位的东西。只有GPS定位系统在告诉你经纬度的具体数值，然而你向四周望去，都是无边无际的海，平静的或波澜起伏的海。水的颜色、光线、波浪、风，所有你看得见的都瞬息万变，不像在沙漠或高山，有时候地形地貌还能让你找到方位。扔掉所有在陆地上的习惯，这是我喜欢的感觉。最后，到港靠岸。每次停靠，都好像你从遥远的地方漂洋过海而来。渐渐地，我们的身上开始有了全世界的属性。你知不知道有首歌是这么唱的："我们相聚在晴朗的一天／眼里深情望着远方／唇边尝到盐的味道／桅杆下的船舱装载着／胡椒、烟草和我也叫不出名字的东西／我们将抵达那座城，就像气定神闲的国王。"①

那么，国王陛下，什么时候能带我出海远航？

————————

① 节选自歌曲《环游世界》，让·克劳德·达纳勒（Jean Claude Darnal）作词，1955 年。

致　谢

谨将我们最诚挚的感谢献给卡米耶·斯科菲尔-里维斯、埃迪特·樊尚-朗瑟洛、内利·布蒂诺和卡特琳·波特万，感谢他们为本书编写做出的巨大贡献。

感谢瑟伊出版社的让-马克·列维-勒布隆和苏菲·吕利耶。

也感谢达纳尔一家的歌、托马斯和朱莉，允许我们引用让·克劳德·达纳尔创作的歌词。